U0193236

神奇电器仿生学

蓝灯童画 著绘

读者出版传媒股份有限公司
甘肃科学技术出版社

云团之间相互擦碰，产生大量电荷。当电荷过多时，云团会通过闪电将它们释放出来。

　　自然界的电神奇又危险，而在我们身边，有一些使用电的器具，它们被称为"电器"。电器让我们的生活变得便利。

1831 年，英国物理学家法拉第发现了用金属和磁铁发电的方法，并制造了世界上第一台不使用化学方法的发电机。

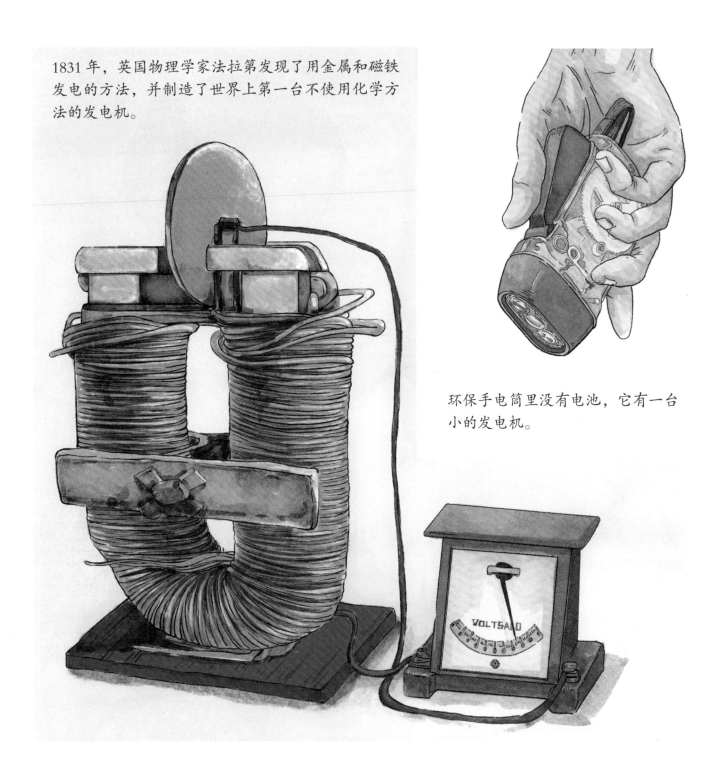

环保手电筒里没有电池，它有一台小的发电机。

看，金属圆盘在两个磁铁间转啊转，电竟然出现了！

白炽灯是常见的可见光灯具之一。使用过程中，白炽灯将大量电能变成了热能。所以亮了很久的灯泡会变得非常烫手！

接通电源后，电流通过灯丝，灯丝就会发热、发光。

电器中最为常见的，就是可以让夜晚像白天一样明亮的电灯。

很久以前，中国主要使用蜡烛和油灯作为照明用具。

在电灯发明之前的英国，路灯需要由点灯人在天黑的时候点亮，天亮之后再熄灭。

爱迪生和他发明的电灯

　　1879 年，爱迪生研制出了第一盏电灯，在这之前，人们用煤油、蜂蜡、灯芯草之类的材料制作照明工具。

在没有电风扇的时候，风扇都是由人力驱动的。

风扇有很多种类型，有站在地上的立式风扇，也有挂在天花板上的吊扇。

古代风扇

吊扇

危险！风扇转得很快！可不要把手指头伸到里面去哟！

电动机是风扇的"心脏"。在接通电源之后，电动机把电力转换成磁力，磁力推动扇叶旋转，产生凉风。

立式风扇

电风扇，呼呼转。

炎热的天气里，电风扇帮我们吹走了热气，真凉爽！

表面上看，无叶风扇并没有扇叶。实际上，它的小叶片都藏在了底部的空气压缩机里。

压缩机将空气输送到风扇环上，再从环上的小缝吹出去。

现在也有一种没有叶片的电风扇，一个空空的大圆环就能吹出风来，风是从哪里来的呢？

空调内的制冷剂经过室内机的热交换器时，气化吸热，热空气就变成冷空气，因此，室内机吹出来的是冷风。

交叉风扇

电子部件

热交换器

配管

炎热的夏天，空调给我们带来了凉爽，为什么空调会吹冷风呢？

常见的四种空调类型：

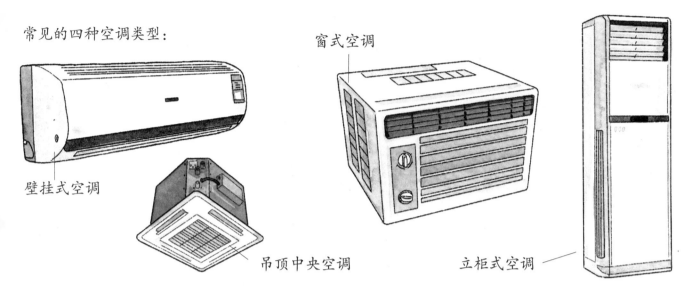

壁挂式空调

吊顶中央空调

窗式空调

立柜式空调

四通阀

风扇

热交换器

减压器

制冷剂经过室外机的热交换器时，液化放热，因此，室外机吹出来的是热风。

电油汀取暖器的腔体内灌有导热油。

电热管把
油加热

冬天，人们喜欢用取暖器取暖，电油汀就是一种常用的取暖器。

光滑的扇面能把热量反射到前方。

注意安全，不要触碰哦！

电热扇也是冬天常用的取暖器，它的工作原理是通过电阻丝把热量散发出去。

电磁炉工作时会产生磁场，使铁锅底部的铁原子碰撞发热。所以说电磁炉是不发热的，发热的是锅本身。

耐热陶瓷板

玻璃锅　　　　　陶瓷锅　　　　　铝锅

为什么玻璃锅、陶瓷锅和铝锅不能在电磁炉上使用呢？
因为电磁炉产生的磁场对这些材质不起作用。

与电磁炉不一样，电陶炉本身会发热，无论什么样的锅都可以通过它加热。

电陶炉是靠镍铬（niè gè）合金电炉盘散发热量的。透过玻璃板可以看到红色的光。

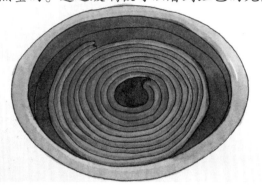

耐高温微晶玻璃板

电陶炉不工作时看上去跟电磁炉没什么不一样，但只要一工作，我们就能看到它中间一圈圈的线发光发热。

微波炉工作时会发出一种高频率的电磁波，让食物中的水分子震荡、碰撞，使食物自己热起来。

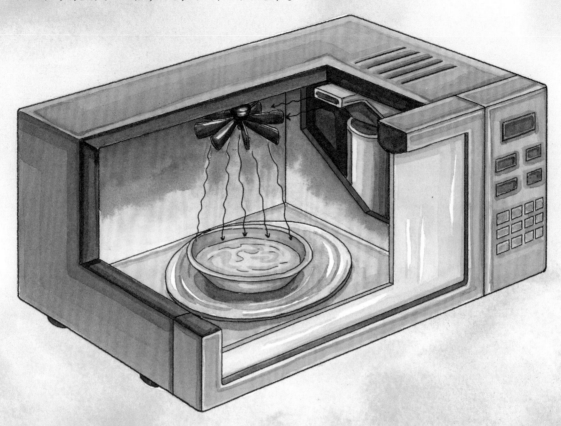

微波炉不可以加热金属、带壳的鸡蛋和密封包装的食物，否则会发生爆炸或其他危险。

"叮——"悦耳的声音传来，短短几分钟，微波炉就把小米粥热好啦！

烤箱是利用发热的电热元件所发出的辐射热，让箱内温度升高，从而把食物烤熟。烤箱里的食物是从表面开始加热，微波炉里的食物是从内部开始变热。

烤箱里的温度很高，拿取食物时要戴防烫伤手套。

烤箱一般有上发热管和下发热管，上下管的温度都可以通过旁边的旋钮调节。

好香啊！刚烤好的点心香喷喷的！
烤箱跟微波炉有什么区别呢？

古时候，人们用地窖和放有冰块的器皿来保存食物。

现代的冰箱可以保鲜食物，冷冻食物，也可以制作冰块。

中国古代的冰箱——冰鉴

厨房里有一个保存食物的重要家电——冰箱。

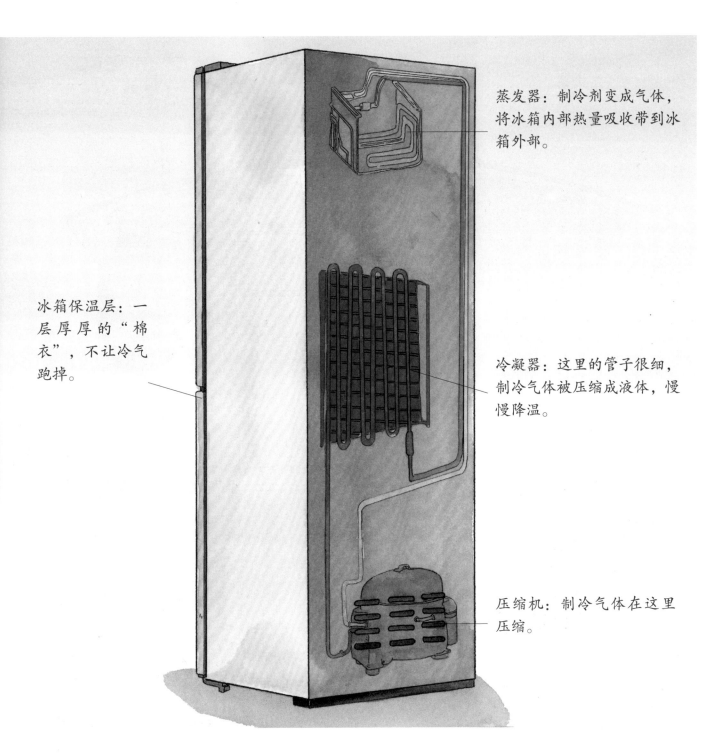

蒸发器：制冷剂变成气体，将冰箱内部热量吸收带到冰箱外部。

冰箱保温层：一层厚厚的"棉衣"，不让冷气跑掉。

冷凝器：这里的管子很细，制冷气体被压缩成液体，慢慢降温。

压缩机：制冷气体在这里压缩。

冰箱像一个带着强力冷气的、可以调节温度的大柜子。

没有油的烟会随着管道吹到房子外面。

风扇高速运转，油烟被吸走，较重的油会被甩到一边，流入集油盒里。

现代厨房的油烟大大减少了，因为都被抽油烟机抽走啦。

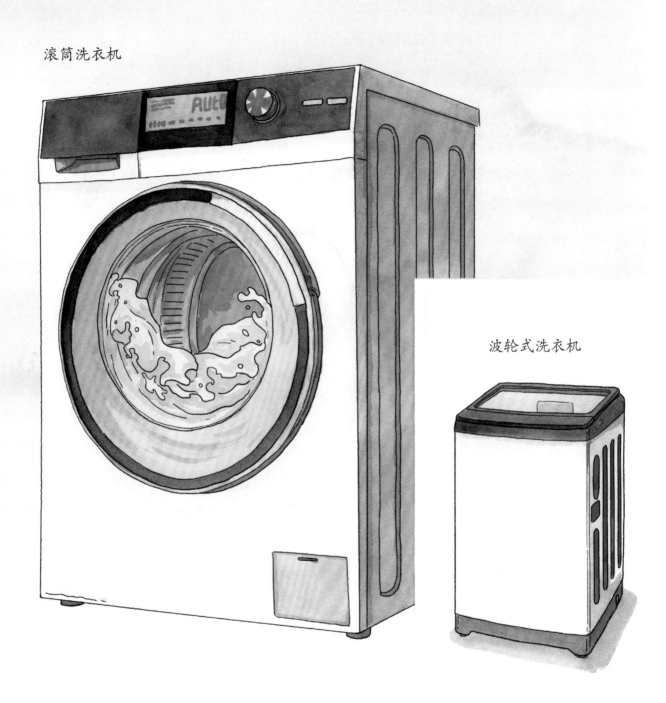

滚筒洗衣机

波轮式洗衣机

衣服脏了怎么办？放进洗衣机。

现在的洗衣机几乎都是全自动的，衣服洗完，还能把水分甩干，我们取出晾晒就行了。有的洗衣机还有烘干功能呢。

吸尘器的肚子里有一个小风扇，飞速转动时会产生吸力，把地上的东西吸到自己的大肚皮里！

过滤网把灰尘挡住，比较干净的空气从吸尘器后面吹出来。

　　吸尘器是我们打扫卫生时的好帮手，灰尘、纸屑都会被它长长的管子吸到肚子里。

扫地机器人装有智能系统，能自动识别障碍物和需要清扫的灰尘。

扫地机器人会帮忙打扫卫生。

以前的电视机很笨重。

电视中的调频器负责接收信号，其中的声音信号和图像信号分开后，分别到达相应的功能元件中。

电源板

调频器

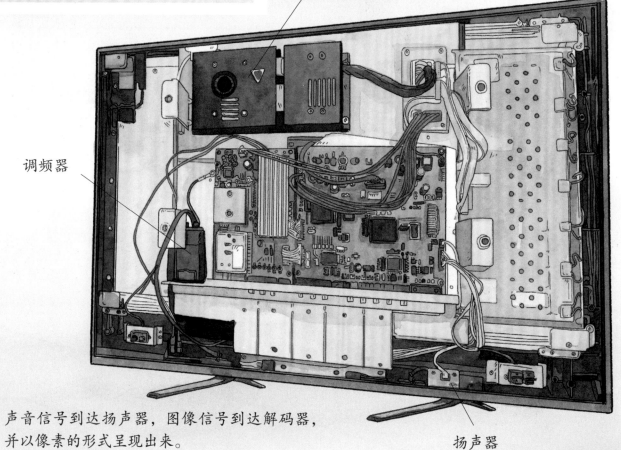

声音信号到达扬声器，图像信号到达解码器，并以像素的形式呈现出来。

扬声器

大多数家庭，都有一台电视机。

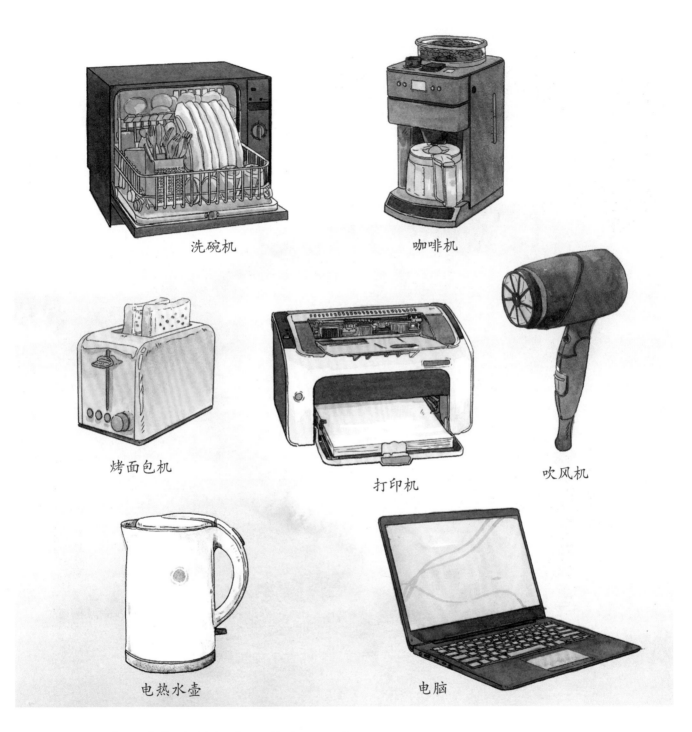

洗碗机

咖啡机

烤面包机

打印机

吹风机

电热水壶

电脑

瞧一瞧，我们身边还有哪些电器呢？

苍蝇

锯齿草

电鳗

鲤鱼

自然界中的植物和动物有的具有"特异"功能，有的则拥有特殊的外形。

锯子的设计灵感来源于锯齿草。

根据苍蝇触角上的嗅觉感受器，科学家发明了宇宙飞船里的小型气体分析仪，用来检测舱内气体。

电鳗体内有发电器官，受此启发，人们发明了伏打电池。

船桨的设计灵感来自鱼鳍。

于是，灵感源于自然的人工设计——仿生技术就这样诞生了。所谓仿生，就是模仿生物的某些结构和功能，发明创造出各种新的物品。

萤火虫的发光器由发光层、透明层和反射层组成。发光层含有荧光素和荧光素酶两种物质。萤火虫发出的冷光不仅发光效率高，强度大，而且光线柔和。

萤火虫腹部会发光，在黑暗的地方才能看见哦。

　　夏天的树林里，萤火虫一闪一闪地在跳舞。

　　柔和的光引起了科学家的兴趣，他们想要研究一种和萤火虫发出的相似的光。

萤火虫发光的原理：荧光素酶在细胞内水分的参与
下，与氧气结合产生荧光。

冷光可以经过人工合成。冷光灯可用于会议室、摄影棚、手术室等各种场所，
使用起来也很方便。

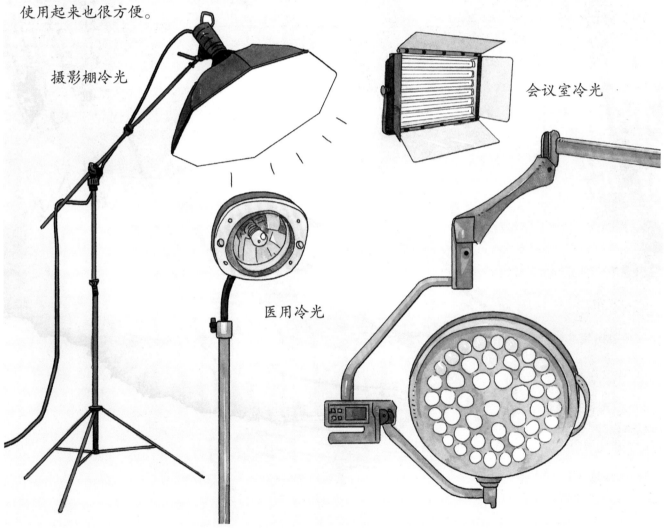

摄影棚冷光

会议室冷光

医用冷光

依据萤火虫的发光原理，科学家发明了冷光灯。

作为一种安全照明设备，冷光灯得到了广泛应用。

蝙蝠的口鼻处长着一个特殊的结构——鼻状叶，它和周围的皮肤褶皱形成了一种超声波装置。

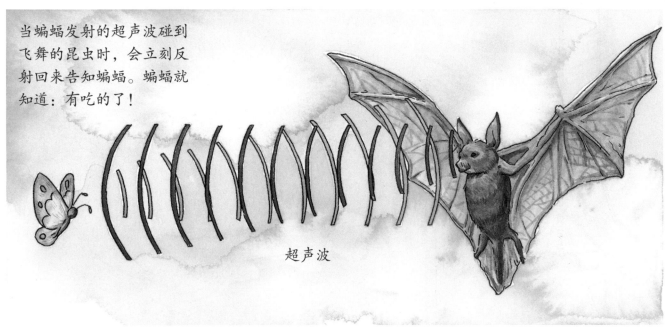

当蝙蝠发射的超声波碰到飞舞的昆虫时，会立刻反射回来告知蝙蝠。蝙蝠就知道：有吃的了！

超声波

　　长相奇特的蝙蝠是自然界中的"定位大师"，它能够利用自身发出的超声波准确定位目标。

雷达模仿了蝙蝠的超声波功能，利用无线电波探测目标。

雷达常应用于资源探测、环境检测、
天气预报和天体研究等方面。

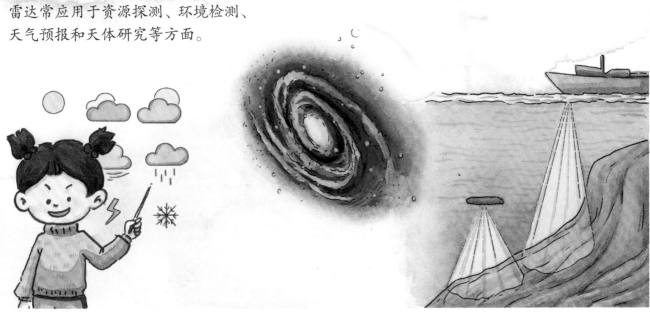

受蝙蝠的启发，科学家发明了雷达。

雷达又称为无线电定位，是利用电磁波探测目标的电子设备。

人没有像鸟一样发达的肌肉和轻盈的骨骼，就算绑上翅膀也飞不起来。

早期的飞机更像是参考蝙蝠的翅膀或者蜜袋鼯（wú）的翼膜做出来的滑翔机，只能在天空滑行一段距离。

滑翔中的蜜袋鼯

早期的飞机

很久以前，人们就渴望飞上天空，后来人们参考鸟类的身体结构，发明了飞机。

飞机的外形是参考鸟类的体型设计的，流线型的外形可以大大降低空气的阻力。

　　飞机机翼由于上下部的区别，在空气流动时会产生一个向上的升力，就像鸟类的翅膀。

鱼下沉时，就把鱼鳔中的气体排出；上浮时，则把鱼鳔充大。

鱼鳔俗称鱼泡，里面充满空气。

　　鱼儿可以在水中自由沉浮，因为它们的肚子里有一个叫作"鱼鳔（biào）"的东西。

潜水艇里面的水箱就相当于鱼鳔，下沉时，就在舱里灌满水，上浮时，就将水排出。

浮出水面

潜入水中

上浮中

能在水下工作的潜水艇，又称为可以水下航行的船。

它的发明正是受到鱼类身体结构的启发。

鲨鱼皮肤表面覆盖着一层微小的 V 形鳞片，可以减少水的阻力，同时防止藻类在身上寄生。

　　有些生物的表皮给服装材料提供了很好的参考，比如鲨鱼。鲨鱼是天生的游泳健将，不仅游得快，身体还十分干净。

　　事实上，这都得益于鲨鱼皮肤上的众多小齿状鳞片。

鲨鱼皮泳衣能减少水的阻力，提升游泳速度。

鲨鱼皮还有抗菌的效果，受此启发，人们研制出一种医疗防护服，以减少细菌传播。

　　科学家受此启发，研制出了一种泳衣，这种"鲨鱼皮"泳衣能让我们在水里游得更快。

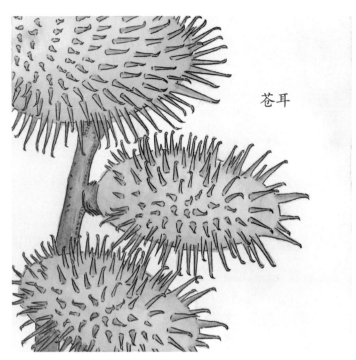

苍耳

小狗身上挂着的苍耳有特殊的钩状结构。

尼龙搭扣

在苍耳的启发下，人们发明了尼龙搭扣。

尼龙搭扣的两部分分别叫尼龙钩带和
尼龙绒带。

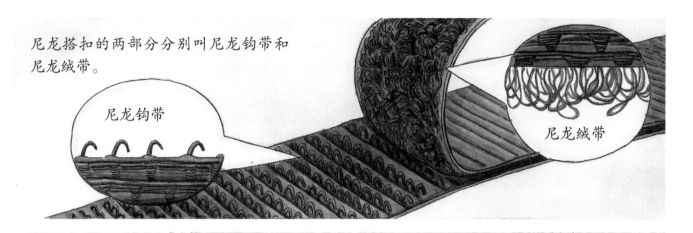

尼龙钩带

尼龙绒带

现在，尼龙搭扣广泛应用于生活中。

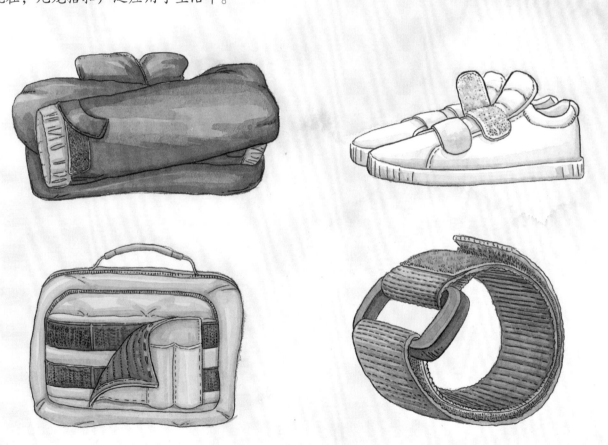

尼龙搭扣操作简便，我们的鞋、书包等都能用到尼龙搭扣。

利用显微镜，人们发现荷叶表面布满了隆起的"小山包"。这些肉眼看不见的乳状突起正是它能保持清洁的奥妙所在。

乳状突起

水珠在滚动过程中吸附灰尘，并在叶片摇摆时带着灰尘滚落。

不管周围环境多么肮脏，荷叶表面总能保持光洁，不沾水和泥土。

防水布料仿造了荷叶的表面结构。

科学家还研发出可以防污、抗菌的纳米涂料，并将其加入衣服或玻璃中。

有一种布料叫作防水布料，它模仿了荷叶的表面结构。

水珠会在上面滚动但不会浸湿布料。

白蚁巢穴夏季凉快，冬季温暖。

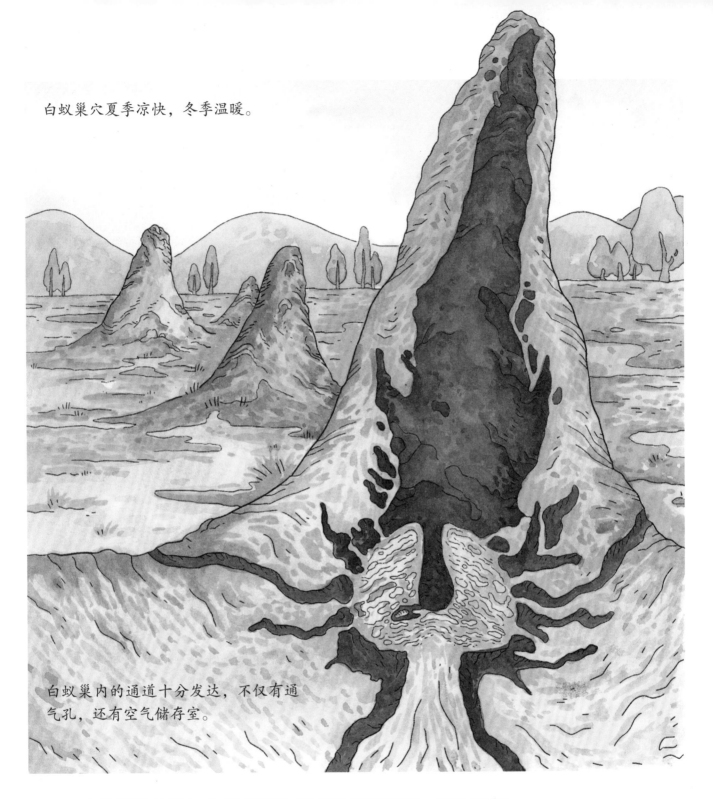

白蚁巢内的通道十分发达，不仅有通
气孔，还有空气储存室。

　　自然界的生物还为我们建造房屋提供了灵感，比如白蚁。
　　集群而居的白蚁是杰出的建筑师，它们建造的蚁巢能将"室内"温度控制
在一定的范围内，实现真正的冬暖夏凉。

结构仿生：各楼层地板下有通风孔，
冷空气由此进入。

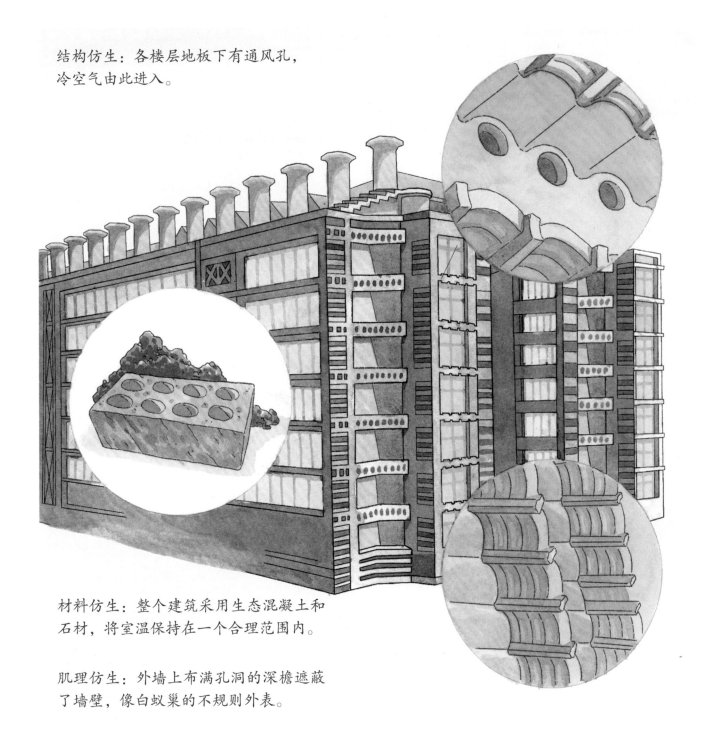

材料仿生：整个建筑采用生态混凝土和
石材，将室温保持在一个合理范围内。

肌理仿生：外墙上布满孔洞的深檐遮蔽
了墙壁，像白蚁巢的不规则外表。

津巴布韦的首都哈拉雷有一座模仿白蚁巢的建筑。
这种设计让建筑冬暖夏凉。

虽然自然界中的贝壳、乌龟壳都是天然的薄壳结构，
但它们的拱形曲面能均匀受力，增强抗压性。

蛋壳的曲面能够把压力均匀散开。

你试过用手捏鸡蛋吗？

薄薄的蛋壳一磕就破，但用手掌挤压时，并不容易破。

中国国家大剧院

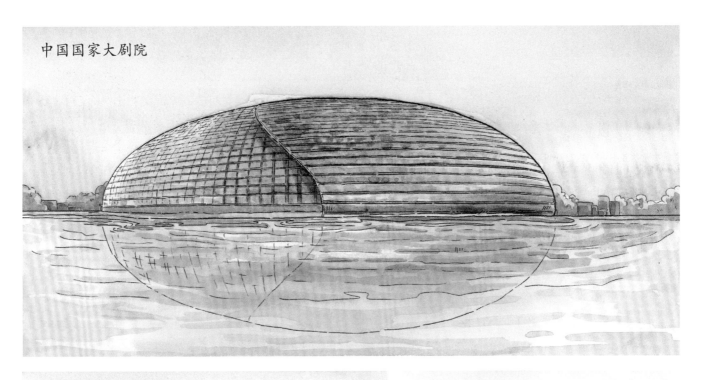

美国金贝尔美术馆

日本代代木体育馆

薄壳结构的表面虽然很薄，却非常耐压。

因此，建筑师们将薄壳结构运用到建筑中。

王莲叶片背面的网状叶脉，以及强壮的侧根，分担了落在叶面上的外力。

亚马孙王莲的叶子承重能力特别强。

建筑师受到启发，建造了一座由钢铁骨架和玻璃组成的"水晶宫"。

　　无论是动物还是植物，为了适应自然环境，都演化出了特别的身体构造和特殊的本领。

　　走吧，让我们去野外看看，或许又能得到一些新的灵感。

奇特的茎叶

美丽的花草

植物的馈赠

不一样的植物

史前动物与身边动物

沙漠动物与水中动物

极地动物与热带动物

地上和地下的动物王国

汽车飞机跑得快

轮船列车肚量大

工程机械好帮手

让一让城市作业车

花样主食和糕点

蔬菜水果要多吃

肉类水产营养多

大豆和调味品的秘密

海洋生物大揭秘

另类海洋生物

海底宝藏探秘

不可捉摸的海洋

奇妙的身体和衣服

身边的科学

物品哪里来

神奇电器仿生学

神奇的地球

善变的地球

地球和恒星

从银河系到宇宙

图书在版编目（CIP）数据

神奇电器仿生学 / 蓝灯童画著绘 . -- 兰州 : 甘肃
科学技术出版社 , 2020.12
ISBN 978-7-5424-2789-2

Ⅰ.①神… Ⅱ.①蓝… Ⅲ.①仿生 – 应用 – 电气设备
– 儿童读物 Ⅳ.① TM92-39

中国版本图书馆 CIP 数据核字 (2020) 第 258745 号

SHENQI DIANQI FANGSHENGXUE

神奇电器仿生学

蓝灯童画 著绘

项目团队　星图说
责任编辑　赵　鹏
封面设计　吕宜昌

出　　版　甘肃科学技术出版社
社　　址　兰州市城关区曹家巷1号新闻出版大厦　730030
网　　址　www.gskejipress.com
电　　话　0931-8125108（编辑部）0931-8773237（发行部）

发　行　甘肃科学技术出版社　　　印　刷　天津博海升印刷有限公司
开　本　889mm×1082mm　1/16　　印　张　3.5　字　数　24千
版　次　2021年10月第1版
印　次　2021年10月第1次印刷
书　号　ISBN 978-7-5424-2789-2　　定　价　58.00元